中国少儿百科

宇宙

尹传红　主编　苟利军　罗晓波　副主编

U0254934

核心素养提升丛书

四川科学技术出版社

我们非常幸运，因为我们生活在科学技术高度发达的时代。

地球是人类的家园。在晴朗的天气，白天，我们能看见天上的太阳；晚上，我们还能看见空中的月亮。

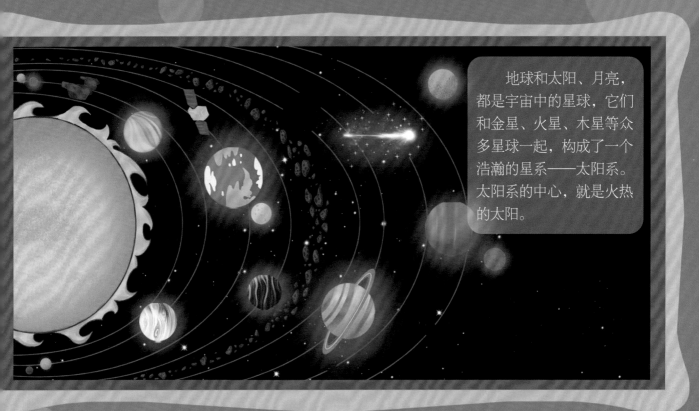

地球和太阳、月亮，都是宇宙中的星球，它们和金星、火星、木星等众多星球一起，构成了一个浩瀚的星系——太阳系。太阳系的中心，就是火热的太阳。

虽然太阳系已经很大了，可它不过是银河系的一小部分。

那么，银河系到底有多大呢？天文学家们已经测量过了，它的直径约10万光年。如果有一艘速度像光速那样快的超级宇宙飞船，那么它从银河系的一头飞到另一头，最快也需要约10万年！

整个宇宙，由不计其数、大大小小的星系组成，而银河系只是宇宙中一个普普通通的星系。整个宇宙到底有多大，你们能想象得出来吗？

勇敢的航天员们，亲自进驻太空中的空间站，进行天文观测等活动。

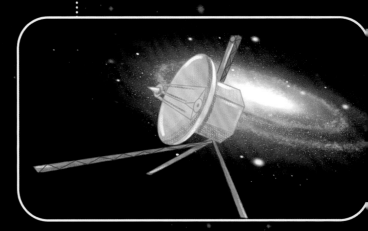

"旅行者1号"是人类发射的飞行距离最远的一颗空间探测器。它探访了众多行星及其卫星，并传回了大量照片。目前，它已飞离太阳系，进入星际空间。

经过多年的观测、研究，天文学家们已经发现了茫茫宇宙中的不少奥秘。

天文学家们在地球上通过天文望远镜观察宇宙。

研究发现，我们的地球已经是一个约 46 亿岁的"老寿星"了。

它的直径是 12 000 多千米。它的表面有坚固的地壳，向内依次是地幔和地核。

地球不是静止的，它时时刻刻都在旋转着。其中被太阳照到的一面是白天，而没有阳光的一面就是黑暗的夜晚。

除了地球以外，人类到现在还没有发现第二颗有生命迹象的星球。

如果能够进入太空俯瞰地球全貌，我们会发现，它是一颗非常美丽的蓝色星球。地球表面大约71%都被蔚蓝色的海洋覆盖。

我们都知道，地球的表面地形复杂，崎岖不平。著名的珠穆朗玛峰海拔8 848.86米，是地球表面的最高点。

位于西太平洋马里亚纳群岛以东的马里亚纳海沟，则是已知地球最深处，深度11 034米。

除了辽阔的陆地，在广袤无垠的海洋中，也栖息着无数生物。

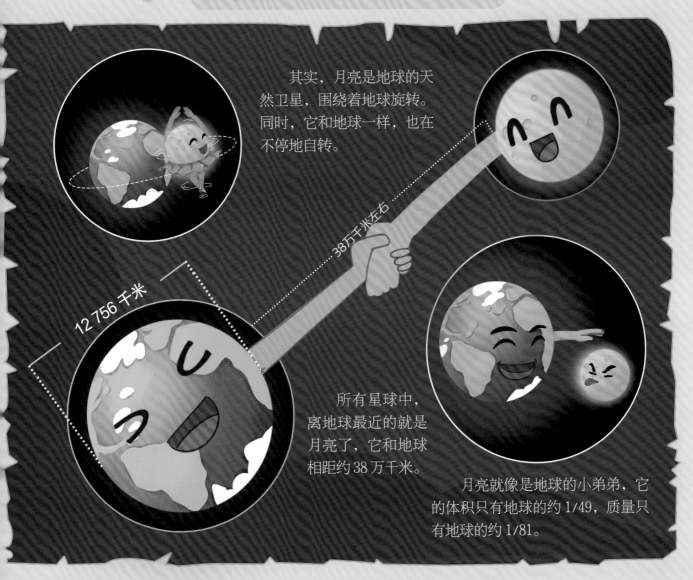

其实，月亮是地球的天然卫星，围绕着地球旋转。同时，它和地球一样，也在不停地自转。

38万千米左右

12 756 千米

所有星球中，离地球最近的就是月亮了，它和地球相距约38万千米。

月亮就像是地球的小弟弟，它的体积只有地球的约1/49，质量只有地球的约1/81。

海洋中常见的潮汐现象，就是海洋受到月球的引力作用而产生的。

我们看到的月亮，有时是新月，有时是满月，有时是上弦、下弦或其他现象。这种月相的变化，是因为月亮、地球和太阳的相对位置发生了变化。

月球上有大量的环形山。你知道吗？其实它们大多可能是小行星或者彗星撞击月球后形成的。

对了，月亮本身是不能发光的，它之所以那么亮，是因为反射了太阳光。

当地球运行到太阳和月亮之间，三者连成一条直线，阳光被地球遮住时，就会出现有趣的"月食"。

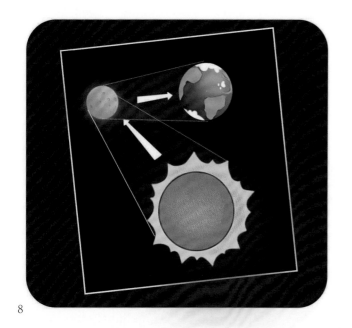

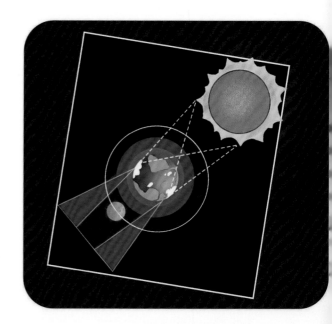

地球与金星、木星等许多星球，都是绕着太阳运转的。

恒星是指自身能发光、发热的天体。太阳就是一颗巨大的恒星，它的核心温度可达1 500万摄氏度。

作为太阳系的中心，太阳也是其中最大的星球。它的体积约为地球的130万倍，质量是地球的33万倍。在太阳面前，地球只是个小不点儿。

不过，太阳和地球的年纪却差不多，都是46亿岁左右。

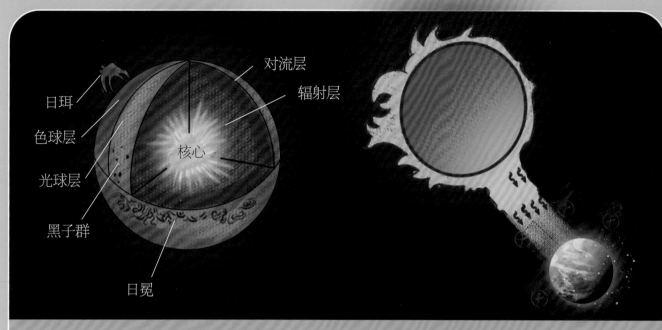

太阳由日珥、日冕、对流层、辐射层、色球层、光球层、黑子群和核心部分构成。

太阳黑子是太阳光球中的暗黑斑点。太阳耀斑是太阳大气中局部区域亮度突增的一种现象。

当月球运行到太阳和地球之间，三者在同一条直线上时，也会出现"日食"现象。日食分为全食、环食和偏食。

太阳也在不停地自转，同时它还带着整个太阳系，围绕着银河系中心以约250千米/秒的速度急速公转着。

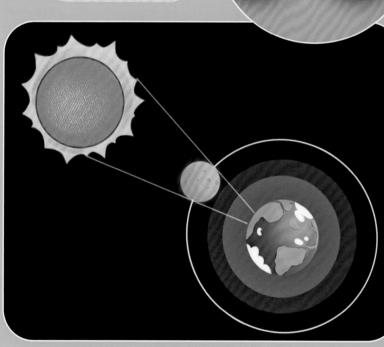

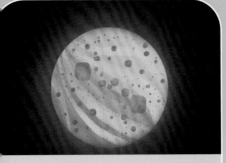

水星是八颗行星之一。这颗离太阳最近的行星表面布满了环形山。

围绕着恒星运动的行星，自己不能发光发热。太阳系的八颗行星按照距离太阳由近及远的次序，依次是水星、金星、地球、火星、木星、土星、天王星和海王星。

火星是一颗火红色的星球，因为它的表面有大量氧化铁。

金星是八颗行星中最亮的一颗。很多星球的自转，都是自西向东，金星却是自东向西。

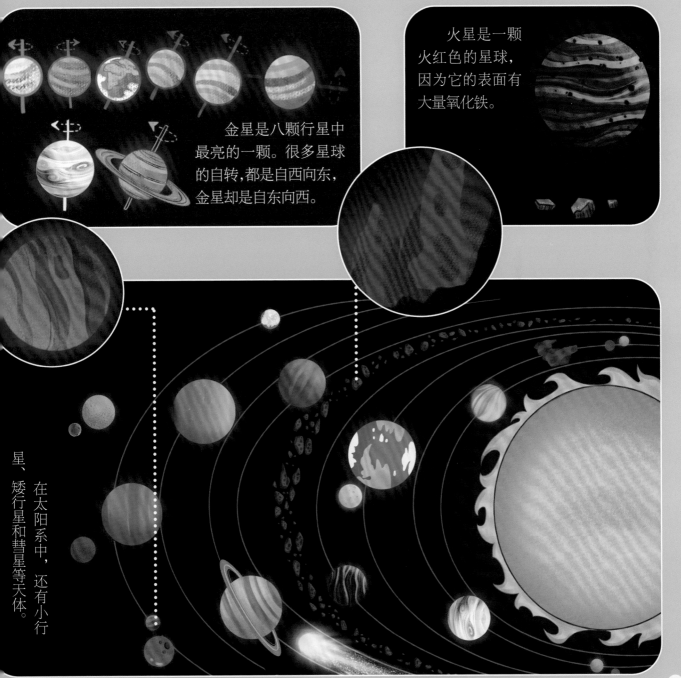

在太阳系中，还有小行星、矮行星和彗星等天体。

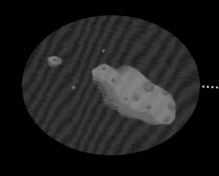

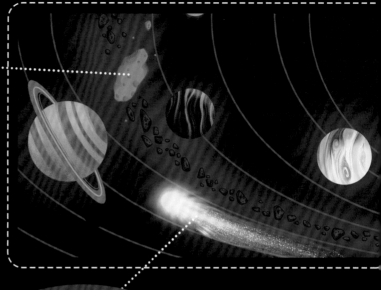

小行星比行星小得多，有一些不是球状的，比如第243号小行星"艾达"。

在火星和木星的轨道之间，还有一个由50多万颗小行星组成的小行星带。

慧发

太阳方向

慧核　　尘埃彗尾　离子彗尾

彗星由彗核、彗发和彗尾构成，彗尾由极稀薄的气体和尘埃组成。远离太阳的彗星，是冰块和固体尘埃的结合体。

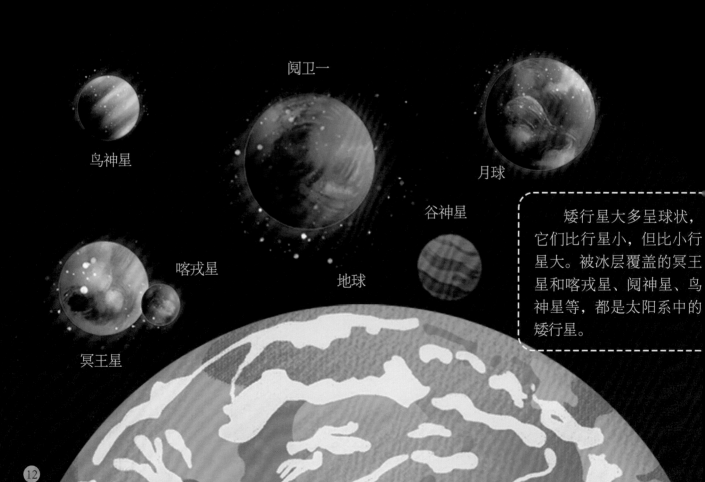

阅卫一

鸟神星

月球

谷神星

喀戎星

地球

冥王星

矮行星大多呈球状，它们比行星小，但比小行星大。被冰层覆盖的冥王星和喀戎星、阅神星、鸟神星等，都是太阳系中的矮行星。

太阳系中体积和质量最大的行星是木星，其他七颗行星加起来都比不上它。更神奇的是，木星的表面有一个醒目的大红斑。

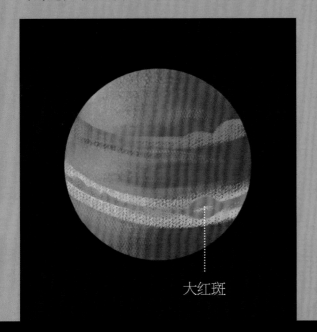

大红斑

与土星相伴的土星环，是由大量的细碎冰块及尘埃颗粒构成的环状物。

天王星"横躺"在它的运行轨道上，它的大气中含有氢气、氦气、甲烷和氨气，它的地幔全部是冰，而核心部分则是坚硬的岩石。

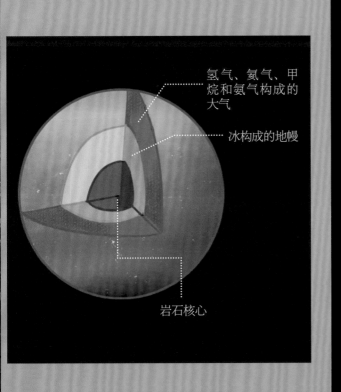

氢气、氦气、甲烷和氨气构成的大气

冰构成的地幔

岩石核心

和地球一样，海王星也是一颗蓝色的行星，它的天然卫星中，最大的是海卫一。

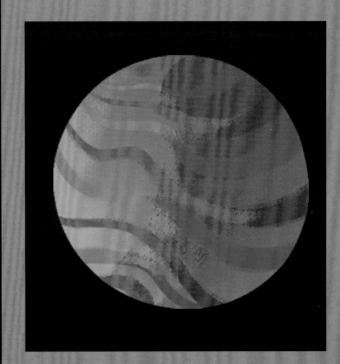

三 灿烂银河

银河系是包含了太阳系，而且比太阳系大得多的星系。银河系由几千亿颗恒星，以及无数星云、星团、气体和尘埃构成。

星斗满天的夜晚，我们会发现空中有一条灿烂的银色星带，宛如一条长河，这就是银河系，也就是人们常说的银河。

银晕

银核

太阳的位置

银盘

　　银河系属于棒旋星系，呈椭圆形，它的主体部分叫"银盘"，由几条旋臂组成。它的中心点叫"银核"或者"银心"。银河系的外围还有"银晕"，由一些恒星和其他物质构成。

太阳　银心　猎户座旋臂

|—2.6万光年—|

　　和太阳系一样，整个银河系也在不停地旋转。

　　太阳系就在银河系的猎户座旋臂上。太阳到银心的距离，有2.6万光年左右。

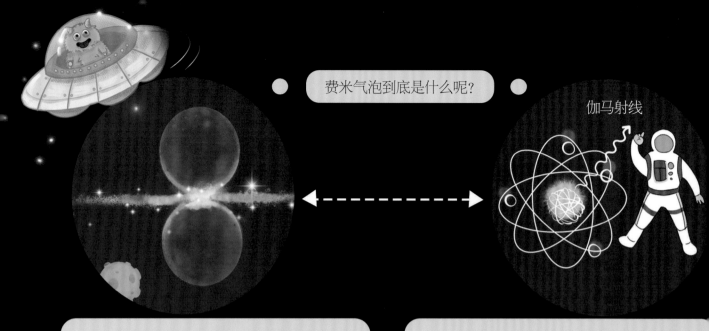

费米气泡到底是什么呢?

伽马射线

2019 年，天文学家们利用射电望远镜发现银河系中心有两个巨大的"气泡"，这就是费米气泡。

在几百万年前，费米气泡就已经出现了。它们是由银河系中心喷发出的巨大伽马射线气体喷泉形成的。

银河就像一个扁平的盘子，数不尽的星球都处于一个平面——"银道面"的两侧。

银道面

黄道面

四　宇宙的秘密

银河系只是宇宙中一个"小小"的棒旋星系。除此之外，宇宙中还有大量椭圆星系、旋涡星系等各类星系。

那么，宇宙是怎样形成的呢?

　　由气体和尘埃组成的星云，体积和能量达到一定程度，就可能会孕育出炽热、耀眼的恒星。

　　大约在 140 亿年前，无尽的空间中发生了一次剧烈的大爆炸。随后，就出现了无数星云、恒星和星系，这就是今天宇宙的雏形。

无形无质的暗能量能产生巨大的力量，对宇宙的整体结构和演化有重要作用。

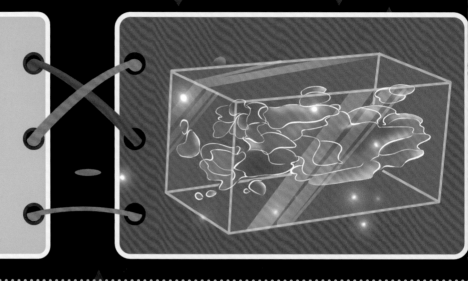

暗物质是什么呢？它们可能是宇宙的主体。但是，目前人类还无法直接观测到它们。

天文学家们在 2019 年 4 月首次拍摄到了黑洞的照片。巨大的恒星爆炸后如果不断坍缩，就可能变成黑洞。黑洞的引力巨大，就连光线也无法逃脱。

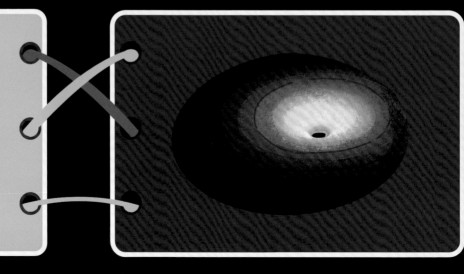

有时，早晨我们能看见东边的启明星；傍晚我们也会看见西边的黄昏星。其实它们是同一颗星——金星。

我们用眼睛看到的星星，大部分是像太阳一样的恒星，它们离地球非常非常遥远。

天狼星也是一颗恒星，夜空中最亮的恒星就是天狼星了。

古埃及人早就发现，如果天狼星和太阳一同升起，尼罗河的水就会上涨。

繁星似海。我们用肉眼能看到的恒星，一共有6 000多颗，人们把它们划分为88个星座，包括天蝎座、天鹅座、大熊座、小熊座等。

天蝎座

天鹅座

小熊座

大熊座

古时候，人们常常通过观察星座来确定时间和辨别方向。

每个星座都由若干颗恒星组成。天蝎座中有红色的星宿二，大熊座中有著名的北斗七星，北极星就在小熊座的尾巴尖上。人们只要看见北极星，就知道正北方在哪里了。

星宿二

北斗七星

北极星

那么，宇宙到底有多大呢？是不是真的浩瀚无垠、没有尽头呢？千百年来，人类从未停止探索的脚步。

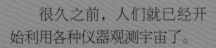

很久之前，人们就已经开始利用各种仪器观测宇宙了。

在我国东汉时期，天文学家张衡已经发明了观测天象的浑天仪。为了纪念他，人们便将月球背面的一座环形山命名为"张衡环形山"。

麒麟座附近有这样一个星云，它就像宇宙中一朵闪耀的巨型玫瑰花，因此科学家们将其称为玫瑰星云。

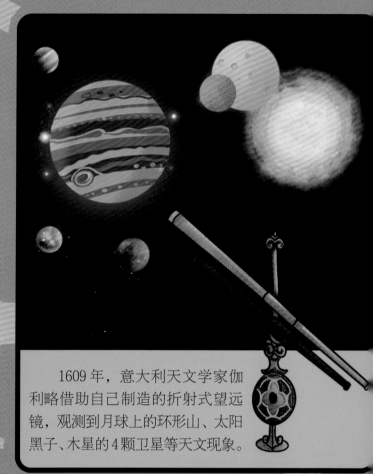

1609 年，意大利天文学家伽利略借助自己制造的折射式望远镜，观测到月球上的环形山、太阳黑子、木星的4颗卫星等天文现象。

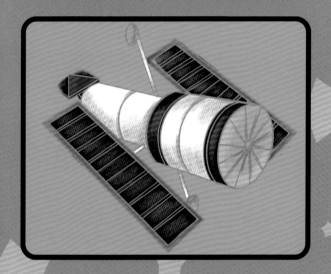

格林尼治天文台位于英国伦敦，地球上计算经度的起始经线——本初子午线，就从这里穿过。

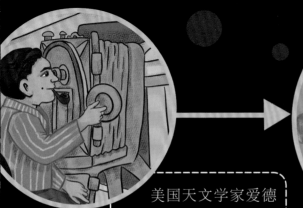

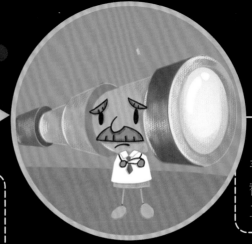

美国天文学家爱德温－哈勃享有"星系天文学之父"的美誉。这台空间望远镜，就被命名为"哈勃空间望远镜"。

将来，詹姆斯－韦布空间望远镜会接替哈勃空间望远镜的工作。

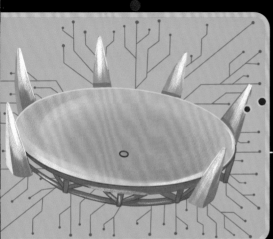

享誉世界的"中国天眼"，是目前全世界最大、最灵敏的射电望远镜。迄今为止，它已经观测到宇宙中超过 900 颗新脉冲星。

2017 年，南京紫金山天文台观测到一颗新彗星——"紫金山"。

六 飞向太空

科学家们研制出了载人火箭。不过，最初载人火箭实验阶段的乘客并不是人类，而是黑猩猩。

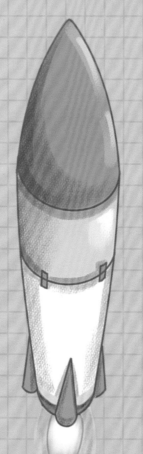

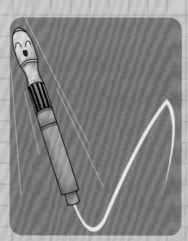

未来，运载火箭还可能根据飞行环境的变化而改变形状。

火箭能够顺利升空，离不开大量的燃料和氧化剂。假如火箭的发动机能够从空气中获得氧气，就不用携带氧化剂了。

除此之外，科学家们还在研制一种智慧火箭，如果在飞行中发生危险，它能够自行修复，还会转移轨道，转危为安。

航天科技迅猛发展，火箭的性能也越来越先进。科学家预测，将来的火箭，速度可能会达到光速的 20%。

运载火箭的速度只要能达到 11.2 千米 / 秒，它们就能挣脱地球引力的束缚，飞入太空。

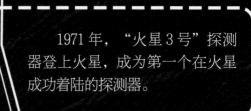

1971 年，"火星 3 号"探测器登上火星，成为第一个在火星成功着陆的探测器。

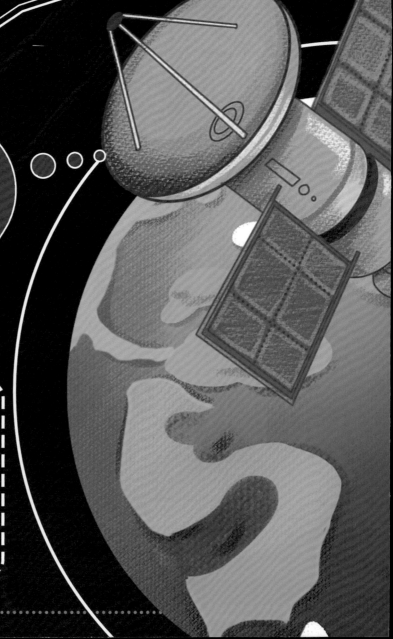

搭乘运载火箭来到太空的"乘客"，还有人造卫星。它们时刻在固定的轨道上运行，围绕着地球旋转。人造卫星的离心能能和地球引力抗衡，所以它们不会落回地球上。

人造卫星种类繁多，有气象卫星、通信卫星、导航卫星、侦察卫星等。

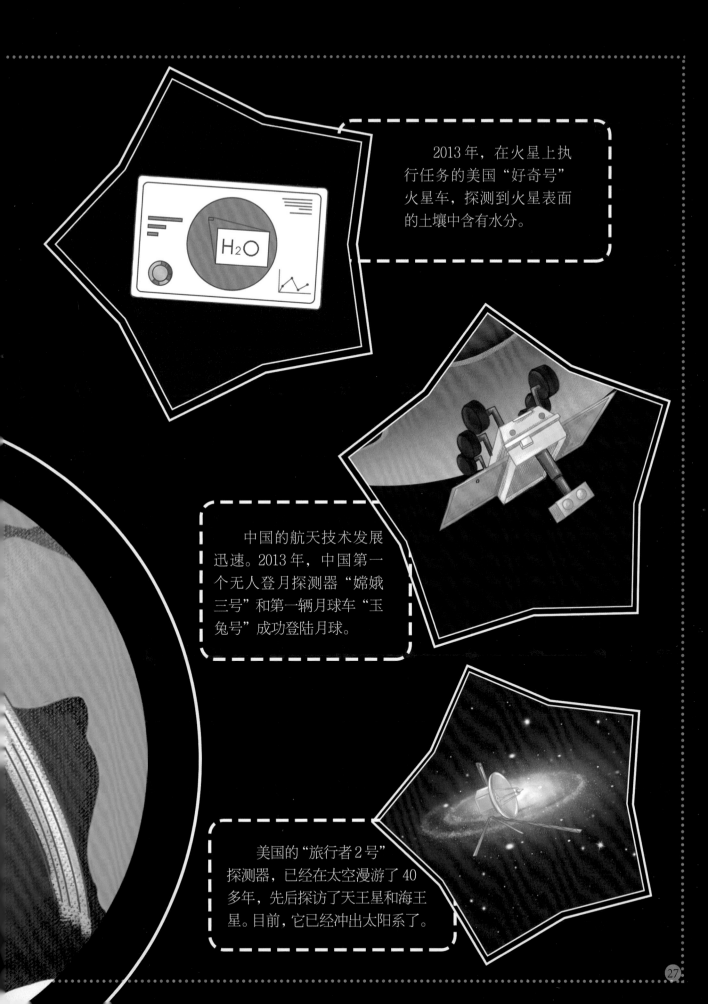

2013 年，在火星上执行任务的美国"好奇号"火星车，探测到火星表面的土壤中含有水分。

中国的航天技术发展迅速。2013 年，中国第一个无人登月探测器"嫦娥三号"和第一辆月球车"玉兔号"成功登陆月球。

美国的"旅行者 2 号"探测器，已经在太空漫游了 40 多年，先后探访了天王星和海王星。目前，它已经冲出太阳系了。

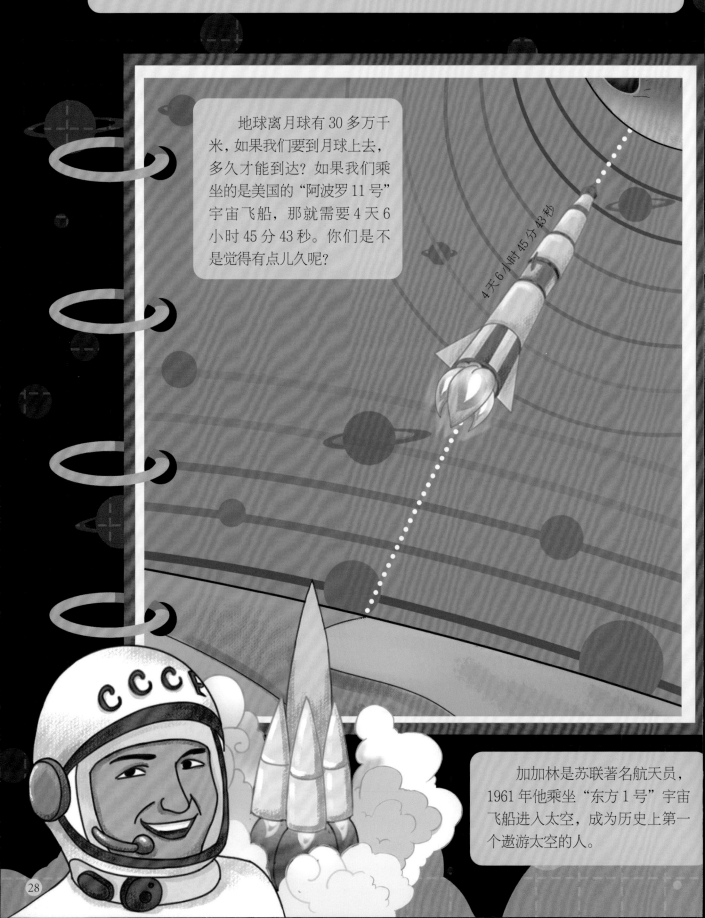

地球离月球有 30 多万千米，如果我们要到月球上去，多久才能到达？如果我们乘坐的是美国的"阿波罗 11 号"宇宙飞船，那就需要 4 天 6 小时 45 分 43 秒。你们是不是觉得有点儿久呢？

4 天 6 小时 45 分 43 秒

加加林是苏联著名航天员，1961 年他乘坐"东方 1 号"宇宙飞船进入太空，成为历史上第一个遨游太空的人。

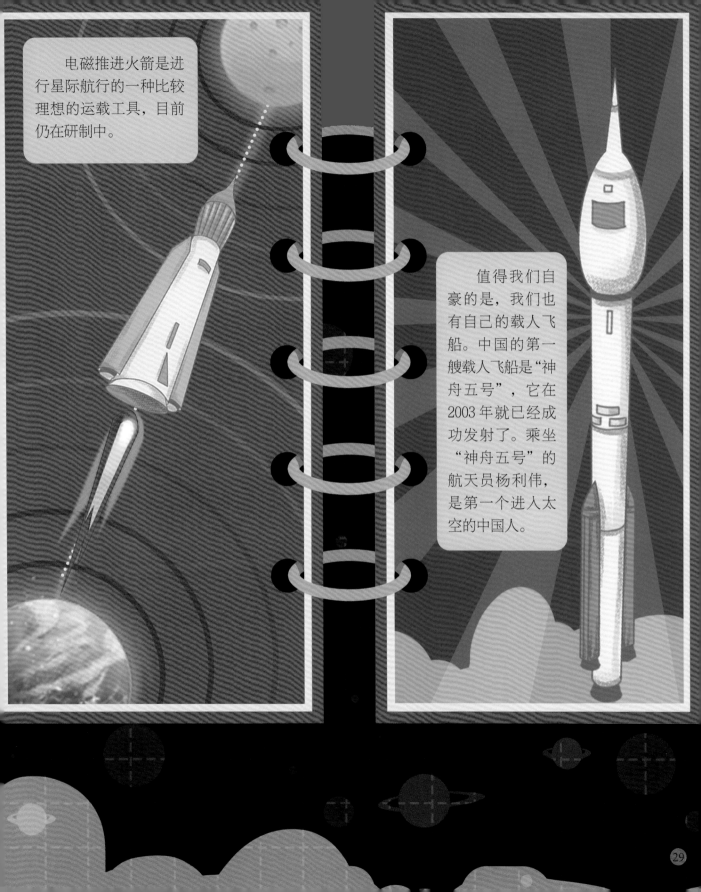

电磁推进火箭是进行星际航行的一种比较理想的运载工具，目前仍在研制中。

值得我们自豪的是，我们也有自己的载人飞船。中国的第一艘载人飞船是"神舟五号"，它在2003年就已经成功发射了。乘坐"神舟五号"的航天员杨利伟，是第一个进入太空的中国人。

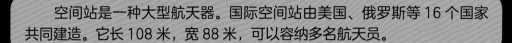

空间站是一种大型航天器。国际空间站由美国、俄罗斯等 16 个国家共同建造。它长 108 米，宽 88 米，可以容纳多名航天员。

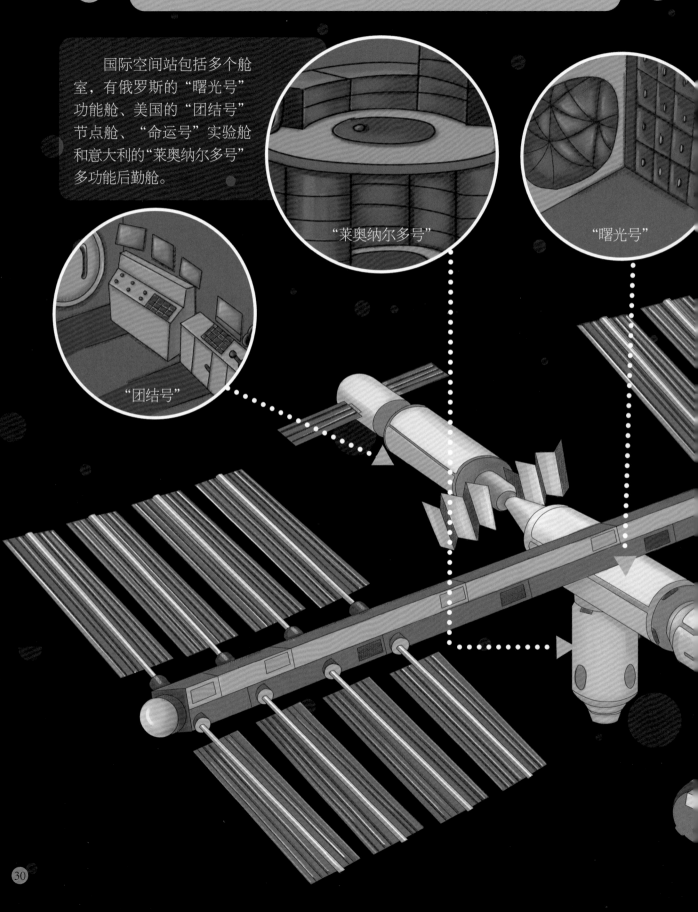

国际空间站包括多个舱室，有俄罗斯的"曙光号"功能舱、美国的"团结号"节点舱、"命运号"实验舱和意大利的"莱奥纳尔多号"多功能后勤舱。

"莱奥纳尔多号"

"曙光号"

"团结号"

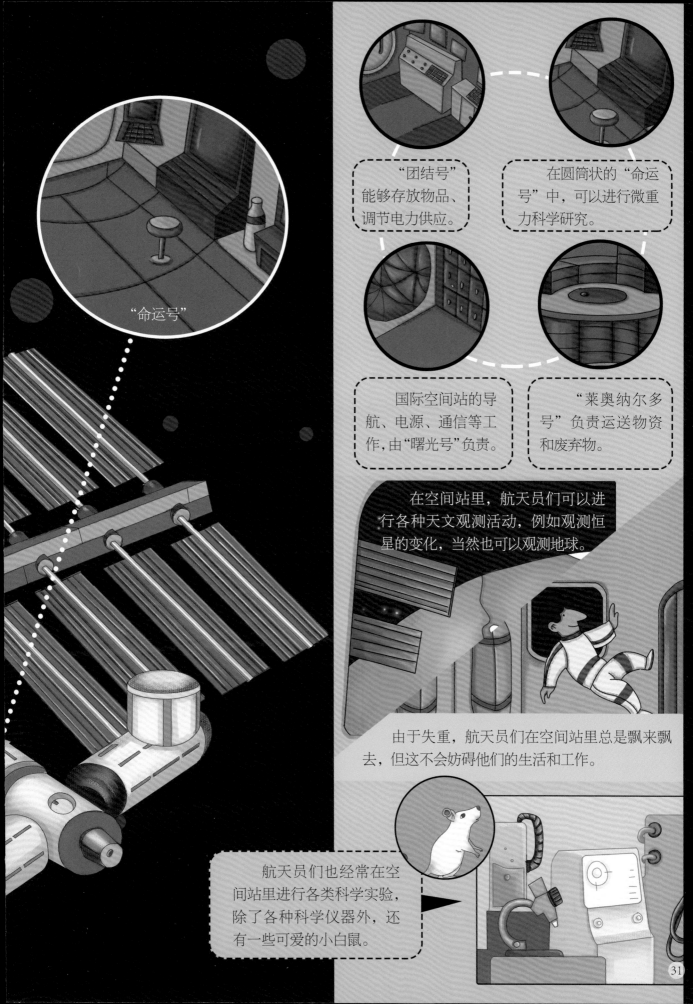

"命运号"

"团结号"能够存放物品、调节电力供应。

在圆筒状的"命运号"中，可以进行微重力科学研究。

国际空间站的导航、电源、通信等工作，由"曙光号"负责。

"莱奥纳尔多号"负责运送物资和废弃物。

在空间站里，航天员们可以进行各种天文观测活动，例如观测恒星的变化，当然也可以观测地球。

由于失重，航天员们在空间站里总是飘来飘去，但这不会妨碍他们的生活和工作。

航天员们也经常在空间站里进行各类科学实验，除了各种科学仪器外，还有一些可爱的小白鼠。

他们的食物都是特制的，不能有一点儿骨头，也没有外皮和核仁，可以一口吞掉。

在工作之余，航天员们也会锻炼身体，还会进行娱乐活动。他们会在空间站里踢踢足球，或者在跑步机上跑跑步，锻炼腿部肌肉。有时候，他们还会弹奏乐器呢！

一些有生活情趣的航天员，还会在空间站种植漂亮的花卉哦！

他们使用的太空厕所，就像吸尘器一样，能将排泄物吸进去，然后进行压缩处理。

在空间站也要讲究卫生。航天员们刷牙用的是口腔清洁指套，擦脸用的也是专用毛巾。

空间站里有固定的睡袋。航天员们要是累了或困了，只要钻进睡袋里，就可以进入梦乡了。

你们看，空站间里的太空生活，也不是那么枯燥嘛！

由于工作需要，航天员们还要到空间站外面的太空中活动，称为"出舱"。

航天员们可以在太空中行走。他们在太空行走时，要把自己捆在一条很长的带子上，带子的另一头拴在空间站上。

将来，航天员们的航天服还会增加自主导航功能，当航天员遇到危险时，只要启动自主导航装置，他们就会被安全带回空间站。